파라오,
그런 눈으로
쳐다보지
마요!

파라오, 그런 눈으로 쳐다보지 마요!

초판 1쇄 2013년 8월 30일

글 폴커 프레켈트 ┃ **그림** 프리데릭 베르트란트 ┃ **옮김** 유영미
펴낸이 김영은 ┃ **기획 총괄** 정인진 ┃ **영업 총괄** 박하연 ┃ **편집** 박사례 ┃ **디자인** 고문화
펴낸곳 도서출판 책빛
출판 등록 2007.11.2.제 406-000101호
주소 경기도 고양시 일산동구 무궁화로 7-63 1206
전화 070-7719-0104 ┃ **팩스** 031-918-0104
전자우편 booklight@naver.com
블로그 http://blog.naver.com/booklight
ISBN 978-89-6219-128-8 64450
ISBN 978-89-6219-126-4(세트)

＊잘못된 책은 구입한 곳에서 바꾸어 드립니다.

Photos on pages 3, 8, 9, 11, 12, 19, 27, 28, 29, 30, 31, 32, 33, 34, 39, 45, 46, 47, 48, 51, 56, 57, 61, 65 © AKG-IMAGES
Photo on page 41 © a private collection

「이 도서의 국립중앙도서관 출판시 도서목록(CIP)은 서지정보유통지원시스템 홈페이지(http://seoji.nl.go.kr)와
국가자료공동목록시스템(http://www.nl.go.kr/kolisnet)에서 이용하실 수 있습니다.(CIP제어번호: CIP2013015341)」

안녕, 파라오!

미라의 땅, 고대 이집트
비밀을 풀어라

파라오, 그런 눈으로 쳐다보지 마요!

폴커 프레켈트 글 | 프리데릭 베르트란트 그림 | 유영미 옮김

책빛

투트모세 3세

쿠푸

람세스 2세

투탕카멘

클레오파트라 7세

글쓴이

폴커 프레켈트는 가족과 함께 함부르크에 살고 있습니다. 텔레비전에 나오는 당돌한 쥐 '마르비 헤머'를 탄생시켰고, 방송극 '해적들의 모험'으로 ARD-방송극상을 수상했습니다. 고대 이집트에 관심이 많아, '투탕카멘' 전시회 아동 오디오 가이드를 작성하기도 했습니다.

그린이

프레데릭 베르트란트는 브레멘에서 그래픽 디자인을 전공했고, 일러스트레이션과 애니메이션에 특히 관심이 많았습니다. 현재 베를린에 살면서, 보드게임, 애니메이션, 컴퓨터 게임, 책에 그림을 그리고 있습니다. 작은 몬스터를 그리는 것과 고물 자동차를 몰고 이리 저리 돌아다니는 것을 좋아합니다.

옮긴이

유영미 선생님은 연세대학교 독문과와 같은 학교 대학원을 졸업한 뒤 전문 번역가로 활동하고 있습니다. 옮긴 책으로 〈공룡의 똥을 찾아라!〉, 〈어린이 대학〉, 〈열세 살 키라〉, 〈교과서 밖 기묘한 수학 이야기〉, 〈청소년을 위한 이야기 과학사〉, 〈내 이름은 리누스〉, 〈늑대 소년 롤프〉 등이 있어요.

파라오들은 스스로를 신들의 친척으로 여겼어요.
그래서 죽어서도 신들의 하늘에서 계속 살고자 했지요.

목차

내 똥구슬은 5천 년 된 것이에요.
말똥구리라 부르지 마요.
내 이름은 케프라고요!

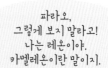

파라오,
그렇게 보지 말라고!
나는 레온이야.
카멜레온이란 말이지.

등장인물

팀

얘들아, 안녕? 지금부터 고대 이집트 리포터가 되어 볼 거야.
친절한 한나 힙스테트 박사님에게 여쭤 보면 궁금한 것들을 척척 대답해 주시지.
고대 이집트에는 수염 난 여자 파라오도 있었대. 이 말이 믿기니? 피라미드 도굴꾼 재판에도 나와 같이 가 볼래? 고대 이집트에 관한 무궁무진하고 신비로운 이야기들이 펼쳐질 거야.

한나 힙스테트 박사

안녕! 나는 고대 이집트를 연구하고 있어.
고대 이집트에 관해 궁금한 것이 있으면 무엇이든지 물어보렴. 몇천 년이 지나도 보존되어 있는 미라와 값비싼 보물이 가득한 피라미드 그리고 그림처럼 생긴 이집트 상형 문자. 모두 신기하지?
우리 함께 고대 이집트로 여행을 떠나 보자.
아주 먼 옛날에 살았던 파라오가 네 옆에 있는 것처럼 생생하게 느껴질 거야.

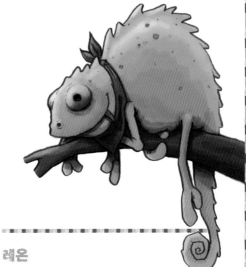

케프

케프는 이 책을 위해 탄생한
풍뎅이 캐릭터란다.
고대 이집트에서는 풍뎅이를 불멸의 존재로
여겼어. 고대 이집트에서는 케프와 같은
풍뎅이가 존경을 받았지. 풍뎅이신도
있었고!

레온

레온 역시 작가 폴커 프레켈트가
만들어 낸 카멜레온 캐릭터야.
레온은 위장을 할 수 있고 양쪽을 동시에 볼
수 있단다. 그래서 많은 것을 볼 수 있고,
시간 여행도 할 수 있어.

상형 문자야! 겁내지 마!

손, 코브라, 독수리 모양…… 이런 게 글자라고요? 그래요. 고대 이집트 사람들이 쓰던 글자예요. 그들은 그림 같은 글자를 썼거든요. 그들의 글을 보면 만화인가 싶을 정도예요. 이런 문자를 상형 문자라고 해요. 신전이나 건물, 돌판 같은 데서 볼 수 있지요. 고대 이집트의 왕인 파라오들은 자기들이 살아 있을 때 있었던 일을 돌판에 새기게 했어요. 자신이 얼마나 중요한 사람이었는지를 모두가 알 수 있도록 말이에요.

그런데 기가 막힌 것은 오랜 세월 동안 이런 글자가 무슨 뜻인지 아무도 몰랐다는 것이에요. 이게 도대체 무슨 뜻이지? 그러다가 지금으로부터 190여 년쯤 전에 프랑스 군인들이 로제타라는 도시 근처에서 상형 문자가 새겨진 비석인 로제타석을 발견했어요. 로제타석에는 세 종류의 글자로 글이 쓰여 있었어요. 위쪽엔 상형 문자(히에로글리프 hieroglyph)로, 가운데에는 아랍 인들이 사용했던 민용 문자(데모틱 Demotic: 상형 문자의 필기체)로, 맨 아래에는 고대 그리스 문자로 내용이 새겨져 있었어요. 학자들은 그리스 문자는 빠르게 번역해 내었어요. 하지만 우습게 생긴 기호들은요? 흠! 열한 살짜리 한 남자애가 그것을 알려고

이것이 상형 문자예요.

a b ch d e

n o p q r

머리를 싸매었어요. 그리고 서른두 살이 되어 드디어 상형 문자를 해독해
냈답니다. 그는 지쳐서 쓰러졌고 5일 뒤에야 깨어났지요!

팀: 우습게 생긴 기호라고? 아니야! 멋진 암호야! 나는 그 수수께끼를 푼 소년의
이름도 알고 있어. 장 프랑수아 샹폴리옹이라는 사람이지. 내 이름은 팀인데,
커서 리포터가 되려고 해. 난 이집트가 아주 멋지다고 생각해. 피라미드,
스핑크스, 투탕카멘, 왕들의 계곡, 미라, 신들……. 엄청 멋져!

한나 힙스테른 박사: 우습게 생긴 기호? 그게 무엇인지 아래에서 한번 봐. 난
이집트학자야. 우리가 어느 날 투탕카멘과 같은 멋진 파라오를 발견하게 될지
누가 알겠어! 대부분 파편들만 발견할 뿐이지만……. 하지만 그것들도 조금은
설명을 해 줘. 오늘날에는 발굴한 유물을 최신 기기로 연구한단다. 그래서 그
발굴물이 어느 시대 것인지 정확히 알 수 있지.

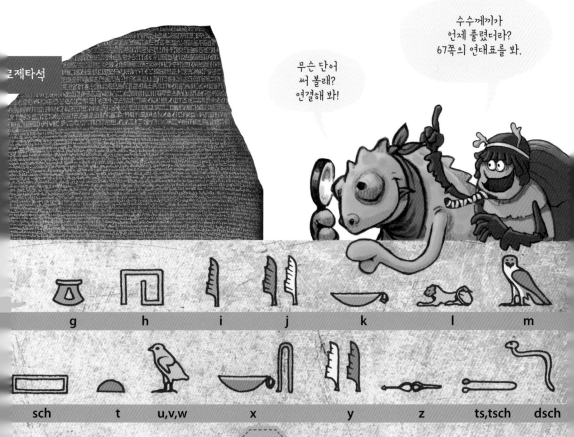

수수께끼가
언제 풀렸더라?
67쪽의 연대표를 봐.

무슨 단어
써 볼래?
연결해 봐!

로제타석

| g | h | i | j | k | l | m |

| sch | t | u,v,w | x | y | z | ts,tsch | dsch |

페하, 페하의 멋진 묘비입니다. 하늘보다 더 높이 올라갑지요.

그러다가 쓰러지면 어쩌려고 그러오?

이렇게 하면 어떨깝쇼?

훌륭하오! 내 아내와 자녀들을 위해서도 똑같이 만들어 주오!

내게 전혀 어울리지 않아.

이렇게 하면 어때요?

흠, 모두들 내 수염의 매력에 빠져들었어.

맞나요, 파라오?

왼쪽의 그림과 같이, 유명한 파라오들에 대한 이런 이야기가 진짜 일어날 수 있는 일일까요? 가능할까요, 그렇지 않을까요?

피라미드는 우연히 생겨났다?

그렇지 않아요. 쿠푸 왕은 자신이 원하는 것을 정확히 알았어요. 쿠푸 왕은 온 시대를 통틀어 가장 화려한 무덤을 원했죠. 그리고 쿠푸 왕의 건축가는 그런 무덤을 만드는 데 성공했어요. 파편과 모래로 이루어진 경사면을 이용해 나무 도르래 바퀴로 무거운 돌덩이들을 위로 날랐답니다. 쿠푸 왕의 피라미드는 높이가 145미터가 넘었답니다. 쿠푸 왕의 아들 카프레는 자신의 피라미드를 만들었고, 카프레의 아들 멘카우레도 그렇게 했어요. 그렇게 하여 기제의 3대 피라미드가 탄생했답니다.

수염 달린 여파라오?

실제로 그랬어요. 투트모세 3세는 아주 어린 나이에 파라오 자리에 올랐어요. 그래서 그의 고모인 핫셉수트가 통치권을 행사했지요. 그런데 핫셉수트는 조카가 자란 다음에도 왕좌를 넘겨주지 않았어요. 세월이 흐르면서 핫셉수트를 묘사한 초상화나 조각들은 점점 남자처럼 변해 갔지요. 몇 년 뒤에는 많은 남성 파라오의 초상화에서 볼 수 있는 것처럼 얼굴에 수염까지 그려 넣게 했답니다.

역사 속의 핫셉수트는 이렇게 수염이 있어야 해. 클레오파트라의 삶은 이보다 더 흥미진진했어. 그에 대해서는 58쪽에 나와 있단다.

투탕카멘이 역사에서 지워졌다?

호르엠헤브가 기념물상에서 투탕카멘의 이름을
깎아 내기도 했고, 투탕카멘이 어린 나이인
18~20세에 죽어서 재위 기간이 짧기는 했지만,
그렇다고 투탕카멘의 이름이 역사에서 사라진 것은
아니에요. 투탕카멘은 도리어 전 세계인이 아는
유명한 파라오에 속하지요. 이집트 파라오 중에는
예전 파라오의 이름이나 기념물을 없애 버리려고 한 사람이 많아요. 투탕카멘의
다음다음 파라오였던 호르엠헤브는 심지어 이전 파라오들의 신전들을
파괴하고, 그 신전에서 나온 돌들로 자신의 건축물을 지었어요. 하지만 다행히
고고학자들은 투탕카멘의 이름이 새겨진 파란 잔을 발견했고, 그것을 계기로
그의 무덤과 미라까지 찾아내었답니다. 투탕카멘에겐 다행한 일이지요.

파라오, 좀 도와줘요!

파라오의 궁정에서 소동이 일어났어요! 신하들은 뿔뿔이 흩어져 버렸어요.
서기는 삼십육계 줄행랑을 쳤고, 재상은 당황해서 어쩔 줄을 몰랐고, 파라오의
얼굴은 새파래졌어요. 석공들이 조각상과 벽화에서 지워 버린 것이 바로
파라오의 이름이었기 때문이지요.

상형 문자 수수께끼 1

레온이 긴 혀로 가리키고 있는 상형 문자가 보이니? 8~9쪽에서 그 상형 문자에
해당하는 알파벳을 찾아봐. 네가 이 책의 상형 문자 수수께끼 네 개를 다 풀면
어떤 파라오의 이름이 지워졌는지 알게 될 거야. 해답은 67쪽에 나와 있단다.

서기의 신,
토트의 부리 좀 봐!
이제 어떻게 내 이름을
분간한다?

미라의 땅에서
리포터 팀이 이집트학자 한나 힙스테트 박사에게 묻다

팀: 한나 힙스테트 박사님, 안녕하세요? 파라오 이야기 재미있네요. 고대 이집트는 거의 5천 년 전에 있었어요. 그동안 얼마나 많은 파라오가 다스렸나요?

한나 힙스테트 박사: 정확한 것은 모른단다. 거의 3천 년간 파라오들이 고대 이집트를 지배했지.

팀: 파라오가 된다는 것은 아주 멋진 일이었을 거예요. 새로운 수도를 건설하고, 전쟁을 하고, 신전과 묘비를 만들게 하고……. 그런데 어떤 사람이 파라오가 될 수 있었지요?

한나 힙스테트 박사: 좋은 질문이구나. 파라오는 자신을 태양신 라의 아들이라고 여겼어. 그리고 계속해서 아들에게 파라오 지위를 물려주었지. 파라오는 부인을 여러 명 두었고, 첩의 아들도 왕위를 계승할 수 있었단다. 파라오 중에 여자는 소수였지. 핫셉수트와 클레오파트라가 여파라오야.

상형 문자 수수께끼 2

레온이 두 번째 문자를 가리키고 있어.

팁: 파라오들은 오늘날에도 인기가 많잖아요. 파라오들에 대한 멋진 전시도 많이 열리고요.

한나 힙스테르 박사: 그래. 이미 19세기 사람들도 파라오에 열광했어. 특히 영국에서 말이야. 파티에 놀러 갔는데 자정에 손님들이 모여 이집트의 진짜 미라를 가져와 붕대를 푼다고 생각해 봐. 그뿐만이 아니야. 미라에서 역청을 긁어내어, 포장해서 약으로 팔기도 했어.

팁: 세상에! 그런데 미라는 어떻게 만들었어요?

캐프의 지식 보따리

한 역사가가 이집트의 역사를 3개의 왕조로 나누었어. 고왕국, 중왕국, 신왕국으로 말이야. 고왕국 때는 피라미드를 만들었고, 중왕국 때는 파라오들이 권력을 잡았으며, 신왕국 때는 투탕카멘과 람세스 2세가 다스렸어.

한나 힙스테로 박사: 들으면 구역질이 날 텐데……. 우선, 꼬챙이를 콧속으로
집어넣어 두뇌를 제거한 다음 빈 두개골 속에 액체 상태의 송진을 부었지.
몸속에서 내장을 다 꺼내어 항아리에 담아 두고, 심장은 몸속에 그냥 두었어.

팀: 내장을 담는 항아리를 카노푸스 단지라고 하죠?

한나 힙스테로 박사: 그렇단다. 그다음에 배 속을 깨끗하게 청소하고는 시체를
탄산수소 나트륨 분말로 꼭꼭 덮어서 물기를 뺐어. 그렇게 여러 주가 지나면
시체가 바짝 마르게 돼. 그러면 몸속을 톱밥, 누더기, 왕겨 등으로 채우고, 몸에
값비싼 향유를 발랐어. 마지막으로 시체에 붕대를 둘둘 감았지. 그렇게 시체
하나를 미라로 만드는 데 70일이 걸렸다고 해.

팀: 그렇게 오래 걸렸어요? 그런데 왜 그렇게 힘들여서 시체를 미라로
만들었나요?

한나 힙스테로 박사: 고대 이집트 사람들은 저세상에서도 계속 살고자 했어.

카노푸스

미라를 만드는 사람들은 심장을 가장 중요하게 생각했어.
그런데 뇌는 그냥 버렸지.

그렇게 쳐다보지 마!
아직 내 차례라고.
여섯 글자로 된 파라오란
말이지?

그러기 위해서는 신체가 필요하다고 생각해서
신체를 보존하려고 했던 거야.

팁: 저세상에서 이용할 수 있는 내비게이션도
있었으면 좋았을 것을⋯⋯.

한나 힙스테르 박사: 정말로 내비게이션과 비슷한 것도 생각해
내었단다. 많은 경우 관 뚜껑 안쪽에 지도 같은 것이 그려져 있었어.
죽은 사람들이 저세상에서 길을 잃지 않도록 말이야.

팁: 아주 영리했군요! 그걸 보고 저세상에서 길을 찾을 수 있도록 말이죠.

우웩!

고대 이집트에는 화폐가 없었어.
피라미드 도굴범들은 훔친 물건을 식량이나 금으로 바꾸었지.

무덤 속의 보물

내가 든 횃불이 돌계단을 비추었어. 난 이곳은 나 같은 남자애는 들어올 곳이 못 된다는 걸 알고 있었어. 내 가슴은 심하게 쿵쾅거렸어. 난 무덤을 찾아야 해. "신들이여, 나와 아버지를 구해 주세요!"라고 나는 속삭였어. "아버지가 도둑질을 했더라도요!"

그랬어. 아버지가 도둑질을 한 거야. 아버지는 파라오의 무덤들을 잘 알고 있었어. 신전과 무덤에 쓰는 돌을 깎는 일을 하기 때문이지. 하지만 작업 감독관이 바뀐 뒤로 임금이 줄어서 우리 가족은 계속 배를 곯고 있어. 가족들이 충분히 먹을 양식을 마련할 수가 없거든. 여동생들은 저녁을 먹으면서 배고프다고 칭얼거려. 하지만 난 울고 싶지 않아. 아버지는 배고프지 않다고 하시며, 자기 몫의 보리죽을 우리 곁으로 밀어 놓으시지. 어머니도 마찬가지야. 거의 매일 저녁이 이래.

나는 오늘 아버지의 비밀을 발견했어. 모든 것을 알아버린 거야. 칼을 꺼내려고 연장함을 열다가 나는 놀라서 멈칫하고 말았어. 금으로 된 공허한 눈이 나를 뚫어지게 쳐다보고 있었어. 미라 마스크! 그 옆에는 작은 피겨가 있었어. 바로 죽은 이들을 지키는 아누비스였지.

아누비스는 죽은 이들에게 지하 세계를 안내해 준다고 해요.

나는 자칼이 내 얼굴을 보지 못하게끔 얼른 자칼의 눈을 막았어. 그러지 않으면
아누비스가 도둑이 누구인지 알아 버릴 테니까. 무덤을 도굴하는 사람은
발각되면 처형을 당해. 엄격한 경찰인 메자이가 우리 집을 수색하다가 이걸
발견한다면 얼마나 끔찍한 일이 벌어질지! 난 기필코 그런 일을 막아야만 해!

드디어 왕들의 계곡에 밤이 찾아오고, 키 큰 신상들이 그림자를 드리웠어. 나는
아마포로 싼 무덤의 보물을 꼭 안고 걸었어. 맥주를 마시며 이야기를 나누는
경비원들의 목소리가 바람 소리에 섞여 들려왔어. 나는 바위 뒤에 몸을 숨긴
채 건축 현장으로 걸음을 재촉했지. 그나저나 이 미라 마스크는 도대체 어느
무덤의 것이지? 나는 아누비스에게 다급하게 기도를 바쳤어. "죽음의 신이여,
내게 무덤을 가르쳐 줘요. 난 그저 이걸 도로 가져다 놓으려는 것뿐이에요."

기도가 통했나 봐. 나무 더미 뒤에 있는 출입구가 눈에 띄었어. 나는 입구에
있던 횃불을 들고 계단을 내려갔어. 그리고는 소스라치게 놀랐어. 벽에 거대한
발톱이 보였어! 그 발톱은 움직여서 나를 잡으려고 했어. 안 돼애애! 휴…….

그건 그냥 그림자였어. 나는 그 그림자가 누구 것인지 알았어.
칭칭 감긴 붕대에서 검고 마른 팔이 삐져나와 있었거든. 미라였어!
미라가 나를 덮치면 어쩌지? 나는 안간힘을 써서 걸음을 옮겼어.

무덤 속은 아주 어수선했어. 금도금한 관 뚜껑, 어두운 자단나무로 만든
입상, 대리석으로 만든 단지. 파라오는 죽어서도 정말 호화롭게 사나 봐!
나는 비틀거리다가 화려하게 장식된 관을 보았어. 미라 마스크를 두기에 좋은
자리야. 관 뚜껑 위에 아누비스를 세워 놓았어. 아누비스는 내가 모든 것을
되돌려 놓는 것을 보아야 해. "우리 아빠를 용서해 줘." 나는 속삭이듯 말했어.

갑자기 사람들 목소리가 들려왔어. 나는 벽에 바짝 붙어 서서 숨을 죽었어.
그때 관 뚜껑 아래에서 전갈이 기어 나오더니 내 발앞에 멈춰 섰어. 심장이 덜컹
뛰었어. 난 맨발이었거든. 다행히 웅성거리는 목소리가 멀어져 갔어. 나는
계단을 마구 올라가 도망쳤어. 마을 가까이 오자 경찰이 무덤 도굴범 몇 명을
데려가는 게 보였어. 우리 아빠는 거기에 없었어. 나는 안도의 한숨을 쉬었어.

도굴꾼 재판

기원전 1110년으로

리포터 팀이 참석자들에게 묻다

왕들의 계곡을 발굴할 때 무덤 도굴꾼을 재판했던 기록도 발견되었어요. 팀이 거기에 있었더라면 질문할 게 많았을 텐데요! 잠깐만요! 레온의 타임머신을 타고 그 현장으로 갈 수 있어요.

팀: 리포터 팀입니다. 지금 막 재판 장소에 도착했습니다. 왜 무덤을 도굴했을까요? 왕가의 계곡에 도굴 금지 푯말 같은 것이 있었을까요? 안녕하세요, 재판 서기님? 이와 관련하여 말씀 좀 해 주시겠어요?

서기: 그러지요. 네, 맞습니다. 도굴 금지 경고문이 있었어요. "내 무덤에 손을 대는 자는 목덜미를 낚아채어 거위 목처럼 비틀어 버리겠다." 이런 식의 말이 무덤 벽에 새겨져 있었어요.

팀: 애고, 그러나 그런 경고문이 별로 효과를 발휘하지 못한 건가요?

서기: 도굴꾼들은 글을 읽을 수 없거든요! 저기 저 사람처럼요!

저기 저 사람!

팀: 안녕하세요, 도…… 도굴꾼님. 에! 왜 잡혔나요?

도굴꾼: 내가 왕의 무덤에서 물건을 훔쳤대요. 하지만 난 안 훔쳤어요.

팀: 그런데 왜 잡혀 들어왔나요?

도굴꾼: 누군가 무덤 보물이 든 자루를 우리 수레에다 몰래 가져다 놓았어요. 그러자마자 우리는 체포되었고, 경찰서장이 여기 재판정으로 끌고 왔어요. 경찰서장 아내의 장신구가 어떤 무덤에서 나온 것인지 알고 싶지 않아요. 수상한 건 바로 저자예요. 경찰서장이오!

팀: 경찰서장님, 무례하게 들리시겠지만, 저분의 말을 어떻게 생각하세요?

경찰서장: 저자는 아주 천연덕스럽게 거짓말을 하는 거라오, 젊은 친구.

팀: 그러니까 서장님의 부인께선 훔친 무덤 보석으로 치장한 게 아니란 말씀이죠?

경찰서장: 아니고말고. 난 지하실에 장신구들을 모으고 있다오. 하하! 아니에요. 농담이라오. 사실은 나도 곧장 조사를 시켰어요. 그랬더니 왕의 묘실만 비었어요. 왕비의 무덤은 봉인이 손상되지 않았어요. 즉 아무도 들어가지 않았단 이야기죠.

팀: 다른 주장을 하는 증인은 없나요?

경찰서장: 물론 있죠. 저기 저 사람이라오!

저 사람이 그랬어!

저 사람이라오!

재판 기록인 '무덤 도굴 파피루스'는 람세스 9세 때 작성된 것이야. 신왕국 때는 람세스라는 이름의 파라오가 많았어. 그중 가장 유명한 왕은 람세스 2세지.

팀: 저기요.

증인: 나 좀 내버려 둬요. 오늘은 내가 등장하는 날이 아니라고요.

팀: 그게 무슨 말이죠?

증인: 난 경찰서장의 명령에 따라 이시스 왕비의 무덤을 도굴했다고 증언을 했어요.

팀: 누가 그렇게 하라고 시켰나요?

증인: 경찰서장을 골탕 먹이려고 하는 사람이지.

팀: 경찰서장? 저기 저 사람을요? 그래서 어떻게 되었나요?

증인: 사람들이 나를 왕들의 계곡으로 데려갔어요. 내가 정말로 무덤을 도굴했다면 그 무덤을 잘 알고 있을 거라는 것이 파라오가 보낸 대사의 의견이었죠. 대사는 바로 저 사람이에요!

팀: 대사님, 그래서 어떻게 되었죠?

대사: 저 사람은 자기가 도둑이라고 했지만,
도무지 무덤을 알아보지 못했어요.
그는 도굴꾼이 아니에요. 그저 경찰서장을
골탕 먹이려고 했을 뿐이죠.

팀: 더 나쁘게는 되지 않겠네요. 내 말은 사건이 더
복잡해지지는 않겠다는 얘기예요. 그럼, 재판관들은 누구에게
유죄 판결을 내렸나요?

대사: 감독관이 알걸요. 저기 저 사람이에요.

팀: 안녕하세요, 감독관님. 대체 누가 유죄 선고를 받았죠?

감독관: 뭔가 알 수 있을 것 같아서 우리는 다시 한 번 파라오의 왕비의
무덤으로 갔어요.

팀: 왜요? 무덤 입구의 봉인이 손상되지 않았다면서요.

감독관: 아니에요. 멍청하게도 도굴꾼들은 뒤편에서 침입했어요. 모든 것을
훔쳐 가고 엉망으로 만들어 놓았어요. 그 무덤 하나만이 아니었어요.

팀: 범인이 누군데요?

감독관: 몰라요. 그거야 신들이 아시겠지요!

저 사람!

신들이
아시겠지요!

지중해

알렉산드리아

기제

다흐슈르

나일 강

홍해

아비도스

왕들의 계곡

데이르 엘바하리

테베

중요한 묘지들은 다 나일 강 주변에 있어요.

아부심벨

나일 강이 보이는 피라미드

네가 파라오라고 생각해 봐. 모든 일을 네 맘대로 결정할 수 있어. 제사장들이
네게 조언을 해 주지. 그런데 유감스럽게도 제사장들은 매일 똑같은 질문으로
너를 괴롭혀. "폐하, 피라미드로 하시겠어요, 암굴 묘로 하시겠어요? 위치는
어디로 할까요?" 그도 그럴 것이 이런 사안은 파라오가 살아 있을 때
결정해야 했거든. 이제 넌 손가락 하나만 까딱하면 멋진 무덤 터로
가게 되는 거야.

나일 강을 거슬러 남쪽으로 가다 보면 상이집트에
아비도스가 있어. 가장 오래된 무덤 도시지. 죽음의 신
오시리스와 아주 가깝다는 도시야.

그래서 부자들은 아비도스에 '두 번째 무덤'을 만들었어.
하지만 아비도스의 전성기는 이미 지나갔다고들 해.
그래서 너는 기왕이면 더 남쪽으로 가 볼까 생각하지.

테베 맞은편에 삭막한 모래 계곡이 있어. 아주 더운 곳이야!
하지만 모래를 뚫고 몇 킬로미터 더 가 보니, 너무나 멋진 전망이
펼쳐져 있어.

죽음의 왕국의 지배자 오시리스 신은
아누비스(자칼 모양의 죽음의 신)의 아버지이다.

람세스의 여권

1976년 람세스 2세의 미라는 파리
전시회를 위해 파리로 날아갔어요. 람세스
2세의 미라는 여권까지 발급받았어요.
여권은 대충 이런 모습이었을 거예요.

이름: 람세스 거씨!
직업: 전 파라오
국적: 고대 이집트

생년월일: 기원전 1303년
사망: 90세기
아내: 네페르티티 외 다수
자녀: 약 90명
특징: 붉은 머리, 풍뎅이가 득시글대는
미라

신전들이 나란히 있고 신전마다 암굴
묘가 하나씩 있어. 무덤이 아주 많아서
왕들의 계곡이라고 부르는 지역이지.

다만 이곳에 인간들이 득시글거린다는 것이 마음에 걸려. 일꾼들이 바위 속으로
지하 통로를 뚫고 있어. 어떻게 이곳이 '안식처'가 될 수 있겠어? 또 하나 단점은
때때로 나일 강이 범람해 무덤이 물에 잠긴다는 거야.

넌 나일 강을 더 거슬러 올라가서 아부심벨을 통과해. 아부심벨은 람세스 2세가
어마어마한 암벽을 파서 만든 암굴 신전이지. 여기서부터는 무덤이 없어.
그러니 되돌아가자고.

레온의 지식 보따리

기제에 있는 3대 피라미드의 바닥 면적은 거의 10헥타르에 달해. 축구장 열세 개를
합친 면적이지. 그건 그렇고, 이집트 아이들은 그 당시에 이미 공을 가지고 놀았어.

한참 가다 보니까 왼쪽으로 다흐슈르의 굴절 피라미드가 보여. '건축가들의
연습 작품인가?'라는 생각도 들 거야. 이어 기제의 피라미드들이 눈에 들어와.
기제의 피라미드들을 보고 넌 어안이 벙벙해져. 이 엄청난 석조 구조물을
건축하기 위해 얼마나 많은 노동자가 일을 했을까? "2만 명에서 3만 명입니다,
폐하." 너는 주판알을 튀겨 봐. 그 많은 노동자에게 무려 수십 년간에 걸쳐 빵과
맥주를 지급하려면 엄청난 비용이 들 거야.

어떻게 하지? 아비도스는 너무 오래됐고, 왕가의 계곡은 만원 사태고,
피라미드를 건설하려면 비용이 너무 많이 들고⋯⋯. 스핑크스가 결정을 내리게
도와줄지도 몰라! 제사장들의 말에 따르면 스핑크스는 그런 결정을 내리는 데
일가견이 있다고 하거든. 넌 가마를 타고 스핑크스의 앞발로 가서 스핑크스를
뚫어져라 쳐다봐. 스핑크스도 너를 뚫어져라 바라봐. 그리고 아무 말도 하지
않아. 파라오로 사는 건 생각보다 쉽지 않은가 봐.

스핑크스의 코는 어디로 가 버렸을까요?
중세에 없어졌다고 해요.
이와 관련하여 여러 가지 설이 있답니다.

투탕카멘의 저주
리포터 팀이 이집트학자인 한나 힙스테르 박사에게 묻다

팀: 왕들의 계곡에 대한 이야기 잘 들었는데요, 그곳에서 투탕카멘의 무덤이 발견된 것은 엄청난 화젯거리였다고 해요. 그런데 투탕카멘의 무덤을 발굴한 다음, 발굴 팀원 중 몇 사람이 갑작스레 죽었다면서요. 파라오가 그들에게 저주를 내렸다고 하던데, 그럴 수 있나요?

한나 힙스테르 박사: 그럴 리가 있겠니? 그냥 사람들이 지어낸 이야기지. 물론 파라오가 저주할 이유는 있었어. 하워드 카터 팀이 발굴 과정에서 미라를 훼손했거든. 뼈들이 관에 달라붙어 있어서 뜯어내야 했고, 얼굴도 훼손되었어.

팀: 하워드 카터가 그렇게 발굴 매너가 없는 사람이었나요?

한나 힙스테르 박사: 오늘날이라면 더 잘할 수 있었을 거야. 하지만 그때는 발굴 기술이 부족해서 어쩔 수 없었어. 그는 당시 전혀 알려져 있지 않던 투탕카멘의 흔적을 오랜 세월 동안 추적했어. 그리고 1922년에 드디어 투탕카멘의 무덤을 발견한 거야. 무덤에서 '굉장한 것들'을 발견했지. 투탕카멘의 무덤은 조성된 그대로 거의 완벽하게 보존되어 있었어.

팀: 난 보물보다 미라에 더 관심이 가는데요, 머리에 구멍이 있었다죠? 투탕카멘은 살해당한 건가요?

케프의 지식 보따리

투탕카멘은 신발광이었어. 투탕카멘의 무덤에는 신발이 100켤레 정도 있었지.
신발 바닥 부분에는 이집트의 적들이 그려져 있었어.
투탕카멘은 걸을 때마다 적을 발로 짓밟고 다녔던 거야!

꼭꼭 숨겨진 투탕카멘의 미라

하워드 카터 팀은 몇 년간에 걸쳐 보물이 보관된 방에서 발굴 작업을 했어요.

드디어 묘실 차례가 되었어요. 하워드 카터 팀은 나무 상자 네 개와 석관을 하나 열었어요. 그러자 첫 번째 관이 나왔어요. 그 안에 두 번째, 세 번째 관이 들어 있었어요. 세 번째 관은 순금으로 되어 있었고, 관 속에 파라오의 미라가 놓여 있었어요. 얼굴은 황금 마스크로 덮여 있었지요.

한나 힙스태로 박사: 아니야. 그것은 미라를 만들면서 뇌를 제거할 때 뚫었던 구멍이란다. 투탕카멘은 다리 골절과 말라리아 합병증으로 사망했다고 알려져 있어. 최근에는 유전적인 혈액 질환으로 사망했다고 보는 연구자들도 있고.

팀: 박사님은 어떻게 생각하세요?

한나 힙스태로 박사: 난 왼쪽 무릎의 상처로 인한 패혈증이 투탕카멘의 사인이라고 생각해.

팀: 그건 사고 때문에 생긴 상처일까요? 말에서 떨어지는 사고 같은 거요.

한나 힙스태로 박사: 전쟁 때 부상당했을 수도 있고. 기록이 남아 있으면 좋으련만……. 어떤 비밀들은 끝까지 비밀로 남지.

팀: 무릎을 다쳤다든지, 골절이 있었다든지 하는 걸 어떻게 알 수 있죠?

한나 힙스태로 박사: 컴퓨터 단층 촬영(CT)으로 알 수 있단다. 신체의 내부를

층으로 나누어 정밀하게 촬영을 하지.
X-레이보다 훨씬 더 정확한 사진이 나온단다.

팀: 투탕카멘의 실제 얼굴은 그 유명한 데드마스크(dead mask)처럼 생겼었나요?

한나 힙스태로 박사: 완전히 똑같지는 않아. 연구자들이 그의 얼굴을 컴퓨터로 재구성해 보았단다. 어쨌든 간에 투탕카멘은 아주 잘생겼어.

팀: 그렇다면 저주할 이유는 별로 없었던 거 아니에요?

한나 힙스태로 박사: 그렇지는 않아. 투탕카멘의 무덤에 있는 미라와 유물이 잘 보존되어 있기는 했지만, 카터가 그것을 발견했을 때 그 안은 상당히 뒤죽박죽이었어.

팀: 투탕카멘은 지금 어디 있어요? 박물관인가요, 아니면 무덤인가요?

한나 힙스태로 박사: 무덤의 묘실에 있단다. 비행기 유리창에 사용되는 플렉시 유리로 보호막이 쳐져 있지.

세 계절이 있었어요.
씨 뿌리는 계절, 물이 범람하는 계절,
추수하는 계절. 물이 범람하지 않으면
사람들은 굶어야 했어요.

나일 강의 범람

시라는 지붕 위에 앉아 달빛이 비치는 강을 바라보았어. "그만 자라." 자키
오빠가 그렇게 말하며 동생 투야 쪽을 바라보았어. 투야는 엄지손가락을 빨며
나무를 깎아 만든 하마 인형을 꼭 껴안고 있었어.

"별똥별이다!" 시라가 외쳤어. "저 별똥별은 무슨 징조일까?" 시라가 물었어.
자키는 옆으로 땋아 내린 머리를 목 뒤로 넘겼어. "물이 높아질 거라는
징조겠지. 그 소리가 그렇게 듣고 싶냐……."

도자기로 만든 이 작은 하마에는
식물이 그려져 있어요.

자키가 반쯤 완성된 둑을 가리켰어. "나일 강 수위가 높아지면, 저기로 올라가야 해. 이젠 그만 자." 시라는 포기하지 않았어. "엄마 아빠는 언제 돌아오실까?" "홍수 전에는 오시겠지? 동물을 대피시켜야 할 테니까."

시라는 깜박 잠이 들었어. 꿈에 배를 탄 파라오가 나타났어. 황금으로 된 것처럼 번쩍이는 파라오가 선실에서 나오자, 나일 강 물이 넘쳐흘러 들판을 채웠어. 그리고 마술처럼 검은 땅에서 보리와 아마가 쑥쑥 자랐지. 황소들이 쿵쾅거리며 곡식단 위를 밟고 지나가자 쭉정이들이 햇빛을 받아 흔들렸어. 시라는 곡식 낟알을 모으려고 했어. 하지만 곡식 그루터기가 발바닥을 콕콕 찌르지 뭐야.

레온의 지식 보따리

이집트 사람들은 아주 깔끔했어. 나일 강 물과 오줌으로 옷을 빨았지. 오줌에서 천의 때를 없애 주는 암모니아수를 얻었던 거야.

집 안에서는 따라 하지 않는 게 나아.

시라를 쿡쿡 찌른 건 사실 자키였어. 자키가 아침에 시라를 마구 흔들어 깨웠던 거야. "시라, 일어나! 때가 되었어." 시라는 눈을 비비며 꿈에서 깨어났어. "물길을 밭으로 인도할 때 나도 같이해도 돼?" 자키는 이맛살을 찌푸렸어. "물이 오고 있어. 얼른 둑 위로 올라가자!"

나일 강이 검은 물결을 밀어내고 있었어. 물은 삽시간에 온갖 것을 다 덮으며 거세게 흘렀어. 시라는 남동생 팔을 잡았어. 얼른 서둘러야 했어.

셋은 둑으로 몸을 피했어. 물은 계속 올라왔어. 시라는 집이 물에 휩쓸려 갈까 봐 무서워 오빠 자키의 손을 꼭 잡았어. 하지만 강물은 다행히 동물 우리까지만 미쳤어. '나일 강은 자신에게 속한 것을 데려가는구나.' 하고 시라는 생각했어. 집 지을 때 쓴 벽돌은 나일 강의 진흙을 이용해 만들었거든.

"내일 같이 가도 돼?" 시라가 물었어. 자키는 고개를 흔들었어. "넌 엄마의 베틀 일이나 도와 드려." 자키는 물결을 뚫어져라 보며 물속에 악어가 있는지 살펴보았어.

아뿔싸, 124번이 어디에 있지?

뗏목 타고 저세상으로

쿠푸 왕의 피라미드 근처 모래 속에서 '태양의 배(solar barge)'를 발견했을 때 사람들은 무척 놀랐어요. 태양의 배는 길이가 무려 43미터로, 부품이 1,224개나 되었어요. 쿠푸 왕이 저세상에서 사용하도록 넣은 배 말이에요. 쿠푸 왕은 태양의 배를 타고 마지막 안식처로 갔을 거예요.

갑자기 첨벙하더니 으악 하고 외치는 소리가 났어.
"투야!" 투야의 장난감이 강물에 둥실 떠 있고,
투야의 팔이 갈색 물 위로 삐져나와 있었어.
시라는 강으로 뛰어들었어. 자키가 뒤에서
부르짖었어. "안 돼, 나와. 악어가 있어!"
시라는 발로 바닥을 디뎠어. 그리고 그 반동을 이용해
냉큼 남동생 투야를 붙잡았어. 구했다!

셋은 둑에서 한숨 돌렸어. 투야는 벌써 밭들을 뒤덮은 물을 가리켰어. "풍년이
들 거야." 자키가 말했어. 부모님이 부르는 소리가 났어.

자키가 시라의 팔을 힘주어 잡더니 "내가 아버지에게 물어볼게."라고 했어.
시라는 미소를 지었어. 무슨 소리인지 대번에 알 수 있었어. 하지만 시라는
시치미를 떼고 물었어. "뭘?" "내일 너도 같이 가도 되는지. 물을 우리 밭으로
돌리는 일에 말이야. 물은 네 친구잖아. 그렇지 않아?"

어이!
난 벌써 떠나
왔다네!

124

고대 이집트의 직업

고대 이집트에는 멋진 직업들이 있었어요. 당장 직장을 얻고 싶다고요?
파피루스 신문을 펴서 광고를 읽어 봐요!

(시체) 방부 처리자

❖ 값비싼 오일 냄새를 맡기를 좋아하나요?

❖ 어떤 장기를 어떤 카노푸스 단지에 담아야 할지 아나요?

❖ 뇌를 꼬챙이로 제거할 수 있나요?

이런 일을 할 수 있다면 우리 방부 처리자들에게로 오세요.

죽는 사람은 늘 있으리.

케프의 지식 보따리

람세스 2세의 미라는 코와 배에 후추 알갱이들이 있었어. 냄새 때문이었을까?
아니면 위액을 끓게 하는 자극적인 물질 때문이었을까?
어쨌든 간에 알갱이들은 왕의 매부리코의 형태를 유지시켜 주었지.

우스워 죽겠네. 어째서 이래?
하, 하,
하아세엡수우트!

재, 재채기가 나와.
에…… 에취!

손으로 입은 좀
막고 하셔야징!

서기

문안을 쓰고 혼인 서약을 작성하는 것, 어때요?
재미있을 것 같아요?

물론 글을 쓸 수 있어야 한답니다.

그 밖에 중요한 것:

✤ 암산 능력: 단지와 바구니와 사망한 적군 수를 세어야 해요.

✤ 단호하게 밀어붙이는 능력: 세금 징수하는 데 필요해요.

✤ 좋은 필체: 한번 적은 것이 길이길이 남으니까요.

5천 년이 지난 뒤에도 당신의 글씨는 남습니다. 확실해요.

의사

골치가 지끈지끈한 코감기에는 무엇이 좋은가요?
박하와 대추야자 열매를 곁들인다.

변비가 심할 때는 무엇이 도움이 될까요?
피마자 씨앗.

이것을 알면 당신도 우리 중 하나,
치료사가 될 수 있습니다.

여성들을 차별하지 않고 채용합니다.   건강하세요!

당시엔 아직
신문이 없었지만!

시식 시종
(파라오의 음식을 미리 맛보는 사람)

음, 연잎 샐러드를 곁들인 파라오버거!

궁정의 시식 시종이 되면 맛있는 요리를 즐길 수 있어요.
파라오의 생명을 위협하는 독극물을 성공적으로 감지한 시식 시종은
가장 좋은 피라미드의 럭셔리 무덤으로 갈 수 있지요.

전차병

전쟁에서 신속하게

전차를 잘 몰려면 기술을 익히고 훈련을 해야 해요.
우리는 여러 해 동안 훈련시킵니다. 파라오의 전차병이 되세요.

레온의 지식 보따리

이집트 사람들은 적군의 전차 부대를 본떠 전차를 만들었어.
오늘날의 시리아로 출정하면서 투트모세 3세는 좁은 바위 골짜기로 전차들을
실어 가게 했지.

말발굽 소리가 땅을 흔들었어. 적들은 전차를 타고 나타났어. 우리는 그들을 무찔렀지. 하지만 그 뒤에 우리는 그들을 그렇게 강한 군대로 만든 것이 무엇인지 생각했어. 몇십 년간 연구한 끝에 여기, 그 결실이 탄생했어.

파라오 2000

투탕카멘의 무덤에서 이런 전차가 발견되었어요.

❖ 차체는 금도금한 양질의 목재로 되어 있어요.

❖ 바퀴살이 추가되어 바퀴를 더 튼튼하게 해 주지요.

❖ 좌우 바퀴 사이의 거리가 더 멀어서 굽은 길에서 균형을 더 잘 잡을 수 있어요.

❖ 좌석 부분은 엮은 가죽으로 되어 있어 충격을 완화해 줘요.

❖ 전차를 접이식 자전거처럼 분해할 수 있어요.

파라오 2000
차량 정기 검사 없습니다. 기다리지 않아도 됩니다.

신들의 이야기

오시리스가 어떻게 죽음의 신이 되었는가

신들의 집안에서 싸움이 일어났어! 어떻게 멍청한 형을 제거하지? 세트는
곰곰이 궁리했어. 그리고 나서 음모를 꾸몄어. 오시리스를 유인해 상자에
들어가게 한 뒤 곧장 나일 강에 띄워 바다로 떠내려가게 했어! 오시리스의
아내인 이시스는 오시리스가 갇힌 상자를 발견했어. 하지만 세트가 상자를
훔쳐서 여러 조각을 낸 다음, 흩어 버렸지. 이시스는 다시금 각각의 조각을
모아 남편을 매장했어. 이시스 덕분에 오시리스는 죽은 자들의 신으로 추앙받게
되었지. 하지만 세트는 두려움의 대상이 되었단다.

42

목마른 암사자

태양신인 라는 영원토록 지배하는 신이야. 그런데 이것 좀 봐. 인간들이 더
이상 라의 말을 듣지 않아. 라는 머리끝까지 화가 나서 딸 세크메트를 보내어
인간들을 꾸짖게 했어. 그러나 사자로 변한 세크메트는 사람들을 혼낸다면서
죽이기 시작했고, 피 맛을 본 뒤에는 살육을 멈추지 않았어.

안 돼! 라의 계획은 인간들을 죽이는 게 아니었어. 그래서 라는 피같이 빨간색
맥주를 만들어 세크메트에게 마시게 했어. 세크메트는 맥주가 사람의 피인 줄
알고 실컷 마시고는 깊은 잠에 빠졌지. 그렇게 인간들은 구원되었어.
라는? 태양신 라는 그때부터 낮 동안에는
태양의 배를 타고 하늘을 항해했어.

너무한 건
너무한 거야.
깨어나면
일광욕 나가야지.

음, 음냐 음냐. 인간,
음냐 음냐…….
그래,
기다려.

세크메트 이야기는 투탕카멘의 무덤에 장식되어 있었어. 그럴 만한 이유가 있었지. 투탕카멘의 아버지 이크나톤은 라와 여러 신을 부정하고, 새로운 태양신 아톤만을 섬기도록 했어. 하지만 그의 아들 투탕카멘은 왕위에 올라 옛 신들을 부활시켰고 지하 세계에서 '파라오라도 신들은 존경해야 한다. 그러지 않으면 세크메트가 와서 그를 벌준다.'라는 걸 잊지 않으려고 했지.

매일 밤 똑같은 게임을!

태양신 라의 밤 근무! 태양신 라는 태양의 배를 타고 지하 세계로 내려갔어. 유령 열차를 탄 것과 비슷했어. 구석구석에 밤의 끔찍한 괴물들이 숨어 있었거든. 라는 열심히 일을 했어. 밤마다 죽은 자들의 신 오시리스를 해방시키고 거대하고 무서운 뱀인 아포피스를 제압했지. 그러고 나면 아침이 밝았어.

데이르 엘바하리

사막 계곡의 신전 여행

많은 신전이 허물어졌어요. 하지만 강력한 파라오가 지은 장제전(파라오의 영혼을
제사하던 숭배전)들은 보존되어 있답니다.

데이르 엘바하리 신전 이곳 암벽에 세 지배자의 신전이 서 있어요. 그중 가장
아름다운 장제전은 여파라오 핫셉수트의 신전이지요. 핫셉수트의 신전은
신들이 인간 지배자들과 하나가 된다는 '수백만 년의 신전'이에요.

아부심벨 신전 이 암굴 신전은 람세스 2세가 세웠는데, 1960년에 댐을
세우느라 이전했어요. 시대를 통틀어 가장 중요한 파라오였던 람세스 2세는
이곳에 자신의 좌상을 네 개나 만들게 했어요. 엄청나게 크게 말이에요.

카르나크 신전 높은 기둥이 우뚝우뚝 솟은 이 신전 건설에 8만 명이 넘는
일꾼이 참여했다고 해요. 아몬 신에게 바친 신전이에요. 이 신전에 가면 신전
양옆에 아몬 신을 숫양의 머리로 형상화한 스핑크스들이 늘어서 있지요.

아부심벨

카르나크

사후 세계를 위한 커닝 페이퍼

리포터 팀이 이집트학자
한나 힙스테트 박사에게 묻다

팀: 한나 힙스테트 박사님, 그런데 말이죠. 이집트에는 파라오들만 살았던 게 아니잖아요. 농부나 기술자들도 저세상에서 계속 산다고 믿었나요?

한나 힙스테트 박사: 그랬던 것 같아. 농부들의 무덤에 그려져 있는 그림을 보면 죽어서도 밭을 경작하는 장면이 있거든. 평범한 사람들의 무덤에도 부장품이 들어 있었어. 고인들을 위한 '사자의 서(Book of the Dead)'라는 책도 들어 있었지.

팀: '사자의 서'? 그게 뭐죠? 혹시 죽도록 지루해서 무덤에 묻어 버리고 싶은 책 아닌가요? 나도 그런 책을 책장 뒤쪽으로 던져 아예 매장해 버리는데.

고대 이집트 사람들의 무덤에서 두루마리 문서가 발견되었어요. 이를 '사자의 서'라고 부르죠.

신성한 도구들을 이용한 입 열기 의식을 묘사한 그림이에요.

한나 힙스테르 박사: 궁정 서기였던 아니의 무덤에서 출토된 '사자의 서'가 가장 유명해.

총 37장이며, 책을 펴면 파피루스의 총 길이가 23미터나 되지.

톰: 우아, 엄청 길군요! 무슨 내용이 쓰여 있는데요?

한나 힙스테르 박사: 지하 세계로 가는 길에 악령들을 이기고 시험을 통과하는 안내가 적혀 있어. 종종 '입 열기 의식'(미라를 무덤에 넣기 전에 거행한 의식으로 사제가 도구를 미라의 입, 코, 눈, 귀에 대고 주문을 외우면 감각 기관이 열려 저세상에서 새로운 삶을 살 수 있다고 보았음: 옮긴이)으로 시작되지.

심장의 무게를 달아 보는 신들. 오른쪽은 오시리스, 저울 왼쪽은 새 형상을 한 토트. 토트의 오른쪽은 자칼 머리를 한 아누비스.

레온이 세 번째 문자를 가리켜요.

팁: 파라오, '아아아아' 해 보시오. 병원에 갔을 때처럼 그렇게 하는 건가요?

한나 힙스테르 박사: 조금 더 존경심을 담아서 말이지. 이런 의식을 아주 중요하게 생각했어. 파라오는 사후 세계에서도 먹고 마실 수 있어야 하니까. 사후 심판에서 말도 해야 하고. 사후 심판에 대해서는 125장에 쓰여 있어.

팁: 뭐라고 쓰여 있는데요?

한나 힙스테르 박사: 엄격한 심판에 대한 내용이지. 심판관들은 고인이 착하게 살았는지, 죄를 짓고 살았는지를 판단해야 해. 세 명의 신이 판단했지.

팁: 어떤 신들인데요?

한나 힙스테르 박사: 맨 윗자리에는 오시리스가 앉아 있었어. 서기관인

이런 우샤브티(고대 이집트에서 죽은 자와 함께 묻었던 미라 모양의 작은 인형들: 옮긴이)는 후대의 것이에요.

토트 신은 메모를 했지. 세 번째 신은 죽은 자의 수호신인 아누비스였어. 그 옆에서 머리는 악어, 위쪽 몸통은 사자, 아래쪽 몸통은 하마 모습인 아무트가 으르렁거렸지.

팀: 심판은 어떻게 진행되었어요?

한나 힙스테른 박사: 우선은 재판관들이 고인이 범할 수 있는 죄목을 죽 열거해. 그리고 그런 죄를 범하지 않은 경우, 고인의 심장을 저울에 달지. 저울의 한쪽 접시에는 고인의 심장을 올려놓고, 다른 쪽 접시에는 진실의 여신의 머리 장식 깃털을 하나 올려놓아. 심장이 깃털보다 무거워 아래로 내려가면 죄가 있다는 뜻이고, 심장은 곧장 아무트의 밥이 돼. 그러나 심장이 깃털보다 가벼우면 죽은 자는 오시리스의 왕국으로 들어가 영원히 살지.

팀: '사자의 서'는 일종의 커닝 페이퍼인가요?

한나 힙스테른 박사: 그렇단다. 서기들에게 비용을 조금밖에 지불하지 못했던 가난한 사람들의 '사자의 서'는 단 한 장으로 되어 있었어.

팀: 정말 불공평하네요. 살아서 가난했던 것도 억울한데……

저세상의 하인들

파라오는 내세에서도 많은 하인을 거느려야 했어요. 이런 우샤브티는 저세상에서 파라오를 위해 봉사할 작은 인형들이었어요. 투탕카멘의 무덤에서는 일 년 365일 책임을 맡은 우샤브티가 정해져 있었어요. 이들을 감시하기 위해 감독을 몇 세웠고, 이 감독들을 감독하는 더 높은 감독들도 있었어요. 그리고 이들 높은 감독들을 감독하는 더 높은 감독들이 있었지요.

멋지군!
저세상에서
숙제도
대신
해 줄 수
있을까?

이집트 사람들은 신들을 동물 모양으로
상상했어요. 레온은 신들의 모임에서 하는
이야기를 엿들었어요.

동물 신들의 회의

"쉭쉭! 스르르르!" 오늘 회의의 사회자는 바로 코브라야. "아뮤트!" 코브라가
씩씩거렸어. 숫양 머리, 황소 뿔, 뻗어 나온 부리 너머로 청중들을 둘러보기
위해서는 평소에 땅에 대고 다니는 기다란 몸을 곧추세워야 했지. "아뮤트,
어디 있니? 왜 회의를 소집했지?" 코브라가 물었어.

몸집이 거대한 동물이 고개를 쳐들었어. 아뮤트였어. "더 이상 못 참겠어."
아뮤트가 입을 비죽였어. "내 모습을 보라고. 머리는 악어, 위는 사자, 아래는
하마야! 나 참!"

"하마!" 따오기가 그렇게 말하며 뾰족한 부리로 잉크를 찍어 파피루스에
썼어. 따오기는 바로 신들의 서기인 토트 신이야. "난 이렇게 세 가지
몸을 가지고 살긴 싫어. 너희들처럼 한 가지 동물로 살고 싶다고."
아뮤트가 이렇게 탄식하며 악어 눈에서 눈물을 뚝뚝 떨어뜨렸어.
눈물은 그의 사자 털로 떨어졌지. "지금 당장 바꾸고 싶어!"

"정말?" 세베크가 믿지 못하겠다는 듯이 물었어. "난 네 머리가
엄청 멋지다고 생각하는데……. 이빨도 두 겹으로 나 있고."
세베크 옆에 있던 황소가 가쁜 숨을 몰아쉬었어. 다산의 여신
하토르였어. "세베크, 그거야 네가 바로 악어니까 그렇게
생각되지! 그렇지 않니, 아들아?" 하토르가 매를 쳐다보며
물었어. 영리한 매 호루스는 깃털을 긁적였어.

매의 모습을 한 호루스상. 에드푸의 호루스 신전에 있어요.

레온이 네 번째 문자를 가리켜요.

"라한테 한번 물어봐." 호루스가
제안했어. 아뮤트는 슬픈 표정으로 고개를 저었어. "태양신은 너무 바빠."
아뮤트의 콧구멍에서 노란 콧물이 흘러나왔어. 아뮤트가 하마 엉덩이로 털썩
주저앉았어. "나는 끔찍하게 배가 고파." 아뮤트가 훌쩍였어. 다들 이해가
간다는 듯 고개를 끄덕였어. 아뮤트는 저승에서 일을 하며, 죄인들의 심장을
먹어. 그러나 대부분이 죄가 없는 걸로 나오니까 늘 배가 고파.

늘 아뮤트 곁에서 일하는 자칼 아누비스는 이런 사정을 잘 알아. "네 문제는
태양신 라만이 해결할 수 있어!" "라! 라! 라!" 따오기 모습의 토트 신이 그렇게
종알거리며 몸을 긁자, 아뿔싸, 다시금 비비원숭이로 변신했어. 토트 신은 어떤
때는 따오기 모습으로, 어떤 때는 비비원숭이 모습으로 다니거든. "자, 그럼
태양신 라가 올 때까지 결정을 미룰 수밖에." 코브라 와제트가 말했어.

"라면을 끓이면 라가 올지도 몰라." 낙타인 호크레트가 중얼거렸어. "말장난
그만할래?" 암사자 세크메트가 으르렁거렸어.

"그럴 수 없어!" 아뮤트가 그렇게 말하며 발로 바닥을 구르는 바람에 풍뎅이 케프리가 무서워서 덜덜 떨었어. 풍뎅이에게 아이디어가 하나 있었어. "넌 세 가지 동물 모습이잖아?" "맞아." 아뮤트가 고개를 끄덕였어. "그리고 언제나 배가 고프지?" "맞아." 아뮤트가 또다시 고개를 끄덕였어. "그렇다면, 그러면……." 케프리가 더듬이를 뻗고는 모두가 자기에게 주목하도록 잠시 말을 멈추었어. "그러면 넌 세 마리 분량의 먹이를 먹을 권리가 있어. 악어 먹이, 사자 먹이, 하마 먹이를 아뮤트에게." 모든 동물이 찬성했어. 그러자 아뮤트는 동시에 세 마리 분량의 배고픔을 느꼈어.

수수께끼

신들에 속하지 않는 동물은 누구일까요?

신들의 회의에 동물 신에 속하지 않는 동물 하나가 살그머니 끼어들어 왔어요. 이집트 사람들은 이 동물을 알고 있긴 했지만, 동물 신으로 숭배하거나 짐을 나르는 동물로 활용하지는 않았어요. 신들의 회의에 몰래 들어온 동물이 어떤 동물인지 맞혀 봐요.

고양이가 미라가 된 이유

팀이 학생 신문에 실을 기사를 쓰다

쥐나 고양이 미라들은 벌을 받은 것일까요? 미라가 된 쥐들은 인간의 곡식 자루를 뚫고 슬쩍 먹이를 먹다가 그렇게 된 것일까요? 미라가 된 고양이들은 살아서 쥐들을 잘 잡지 못해서 사람들에게 찍혔던 것일까요?

아니에요. 고대 이집트 사람들은 저세상에서도 좋아하는 동물과 함께 살아야 한다고 생각했어요. 또는 사냥을 할 수 있어야 한다고 생각했어요. 상상이 되나요? 한 파라오의 무덤에서는 사자 미라가 발견되었어요. 사후 세계에서도 파라오가 사냥할 동물이 필요했기 때문이죠.

동물 중 미라로 제작되지 않은 동물은 거의 없었어요. 금도금된 용기 안에서
숫양 미라가 발견되었고, 파피루스 꾸러미 속에서 영양 미라가 발견되었어요.
악어 미라는 심지어 입 안에 새끼 악어 미라를 물고 있었어요! 끔찍하지
않은가요?

사카라 근처에서 발견된 4백만 마리의 따오기 미라는 무엇 때문에
만들었을까요? 그 지역을 잘 아는 우리 할아버지께 여쭈어 보았더니,
할아버지께서는 많은 동물 미라는 신들을 경배할 목적으로 제작했다고
말씀하셨어요. 고양이는 친절한 여신 바스트를 상징하는 동물이라, 순례자들이
이 여신에게 제물을 드리고자 할 때 신전 앞에서 고양이 미라를 사서 제물로
바쳤대요.

1888년에 학자들은 고양이 미라를 여럿
발견했어요. 고대 이집트에서 미라로 제작된
동물은 고양이뿐만이 아니었답니다.

고양이 미라와 강아지 미라

그렇다면 정말 미라를 제작하는 공장이 있었을 것 같아요. 정말 소름 끼치는 일이에요. 그런데 한 가지 흥미로운 일은 많은 고양이 미라가 100년도 더 전부터 여행자들에게 날개 돋친 듯 팔려 나갔다는 것이에요. 약 18만 점의 고양이 미라를 실은 배가 영국의 항구 도시 리버풀로 향했어요. 그곳 쥐들이 보았다면 정말 오싹했을 거예요. 그러나 쥐들에게 선보이기도 전에 고양이 미라들은 갈아 으깨어져 거름으로 사용되었어요. 휴가 때 영국에 간 적이 있었는데, 영국의 안개 낀 들판들이 으스스했던 이유를 이제야 알 것 같아요.

마지막으로 한 가지만 더 말하자면 동물 미라 중

가장 몸집이 큰 동물은 아피스 황소예요. 전문적으로 아피스 황소만을 미라로 만드는 곳까지 있었어요. 아피스 황소 미라를 만들기 위해 황소 사체를 40일간 태양에 말렸지요. 엄청난 악취가 풍겼을 거예요. 그나저나 물고기들의 형편은 더 나았겠다고 생각한다면 오산이에요. 물고기 미라도 발견되었거든요. 딱정벌레 미라도 말이에요.

나무로 만든 고양이 관.
런던 브리티시 박물관 소장

기원전 48년 알렉산드리아, 로마 출신의 카이사르가 이집트 제국을 다스리고 있다.

클레오파트라 이야기

클레오파트라 여왕은 아주 영리했어. 카이사르를 유혹했고, 카이사르의 아들
카이사리온을 낳았지. 카이사르와 클레오파트라는 아들과 함께 이집트를
떠나서 로마에서 지냈는데, 시식 시종인 나도 그들과 함께했어. 로마 인들은
카이사르와 클레오파트라에 대해 엄청나게 수군댔어. 클레오파트라는
강한 로마 제국의 도움을 얻고자 카이사르와 연합했던 거야. 이집트의 나일
강 가에서는 많은 사람이 권력 다툼을 했지만, 모두가 클레오파트라처럼
영리하지는 못했지.

클레오파트라는 로마에서 그렇게 좋은 소리를 듣지 못했어. 나는
클레오파트라가 먹는 음식도 미리 맛보아야 했지. 독이 들어 있을지도 모르니까
말이야. 클레오파트라의 부엌은 카이사르와 그의 로마 인 부인이 사는 집에서
그리 멀지 않았어. 카이사르의 로마 인 부인은 클레오파트라에 대한 질투로
매일같이 화를 내었지.

독사 같은
클레오파트라!
이 자리가
어디라고!

59

로마로 간 클레오파트라는 행복했을까요?

시식 시종 아페티투스는 실존 인물이 아니지만 클레오파트라 이야기는 실화랍니다.

"아페티투스! 이거 마시고 싶어!" 나는 카이사리온의 음식도 모조리 미리 먹어 봐. 역시나 독이 들어 있을 수도 있으니까. 카이사르는 카이사리온과 클레오파트라를 걱정해. 많은 로마 인이 카이사르에 대해 화가 나 있거든. 카이사르는 부유한 로마 여인이랑 이미 결혼을 한 몸이었으니까.

결국 죽임을 당한 사람은 카이사르였어. 독살당한 것이 아니라, 대적자의 칼에 죽었지. 내게는 다행스러운 일이었어. 클레오파트라는 곧장 알렉산드리아로 돌아갔어. 나도 동행해야 했지.

3년 뒤 카이사르의 뒤를 이어 로마를 다스리던 마르쿠스 안토니우스가 나타나, 클레오파트라를 만나려고 했어. 로마가 이집트를 완전히 집어삼키려고 하는 것일까? 둘은 클레오파트라의 배에서 만났어. 그리고 사랑하는 사이가 되었지. 카이사리온에겐 곧 아버지가 다른 동생이 셋이나 생겼어. 마르쿠스 안토니우스는 클레오파트라 곁에 남았어.

어느 날 로마에서 손님이 찾아왔어. 안토니우스의 경쟁자인 옥타비아누스였어. 옥타비아누스는 로마 최고의 권력자가 되기 위해 안토니우스의 군대와 해전을 치렀어. 이 해전에서 패배한 마르쿠스 안토니우스는 칼로 자결을 하고 말았어. 전쟁에서 이긴 옥타비아누스가 로마의 최고 권력자가 되었지. 클레오파트라는 옥타비아누스도 유혹하려 했으나, 옥타비아누스는 클레오파트라를 무시해 버렸어.

그 뒤 며칠간 나는 예전처럼 클레오파트라가 먹는 모든 음식을 미리 먹어 봤어. 그런데 누군가 무화과가 든 바구니를 하나 내 손을 거치지 않고 클레오파트라에게로 들여보냈어. 그리고 이틀 뒤 이집트의 마지막 파라오였던 클레오파트라는 세상을 떠나고 말았지. 무화과 바구니에 담아 온 코브라에게 물려 스스로 목숨을 끊었다고들 했어. 난 기가 막혔어. 대체 누가 그런 일을 도왔단 말이지?

"아페티투스, 손님들이 기다려요." 오, 아내가 나를 부르네. 이제 나는 노예가 아니야. 자유로운 신분이 되어 레스토랑을 경영하고 있어. 이탈리아 레스토랑이야. 파라오의 왕국은 없어졌어. 이제 로마가 초강대국이야.

케프의 지식 보따리

클레오파트라는 알려진 것만큼 미인은 아니었다고 해. 몇몇 그림에 묘사된 클레오파트라는 이중 턱에다가 코가 너무 크거든.

나는 훌륭한 이집트학자가 될 수 있을까?

자질 테스트

이집트학자가 될 만한 자질이 있는지 한번 볼까요?

문제를 푼 뒤, 점수를 더해 보세요.

바닥에 도자기 파편들이 놓여 있다. 어떻게 할까?

- 빗자루로 파편들을 쓸어 담아 쓰레기통에 버린다. 그리고 못 본 척한다. ❷
- 파편을 주워서 한번 맞춰 본다. 이걸 대체 어떻게 맞춰야 하지? 포기하고 쓰레기통으로 보낸다. ❶
- 조각들을 본떠 그려 놓고 기록으로 남긴다. 할머니가 꽃병에 대해 물으면 조각들을 이어 붙인다. ⓪

이집트학을 공부하려면 책을 많이 읽어야 한다. 관심이 가는 분야는?

- 고대 언어와 과거의 문화 ⓪
- 이 책과 같은 책들 ❶
- 〈아스테릭스와 클레오파트라〉와 같은 만화책 ❷

어려운 상형 문자 수수께끼를 풀어야 한다면……

▣ 시간이 얼마나 오래 걸리든 풀릴 때까지 계속한다. **⓪**

▣ 30분 시간을 내어 풀어 보고, 풀리지 않으면 내일 다시 생각한다. **❶**

▣ 축구하러 가자고 졸라 대는 친구에게 물어본다. 그 친구도 모른다고 하면
  나가서 신 나게 공을 찬다! **❷**

발굴을 하고 있는데, 일꾼이 와서 자신의 나귀가 사막에서 구멍에 빠졌다고 보고한다. 어떻게 할까?

▣ 동물을 살펴보고, 일단 동물 병원 전화번호를 찾아본다. **❶**

▣ 이집트는 지내기에 위험한 곳이라는 결론을 내리고 신속하게 돌아가는
  비행기를 예약한다. **❷**

▣ 삽, 곡괭이, 먼지 솔을 챙겨서 몇몇 일꾼을 그 구멍으로 파견한다. **⓪**

평가 결과는 67쪽에!

평가 결과는 67쪽에!

레온의 지식 보따리

영국의 고고학자인 윌리엄 플린더스 페트리는 속옷만 입고
피라미드 발굴 작업을 했어. 그러지 않으면 온몸이 땀에 흠뻑
젖었거든. 그런데 페트리의 속옷 색깔은 분홍색이었단다.

팀과 한나 힙스테로 박사의 작별 인사

팀: 재미있네요! 내 점수를 계산해 볼게요.

한나 힙스테로 박사: 그래. 그럼 네가 고고학자 혹은 이집트학자가 될 만한 자질이 있는지 알게 될 거야.

팀: 나귀가 구멍에 빠진 이야기는 어디서 들어 본 것도 같아요.

한나 힙스테로 박사: 실제로 있었던 일이란다. 1997년 한 신전 경호원이 타고 가던 당나귀의 발이 모래 구멍에 걸려 넘어질 뻔한 일이 있었어. 그 경호원은 그 일을 보고했고, 이집트학자들이 조사한 결과 그 자리에서 거대한 공동묘지가 발견되었단다. '황금 미라의 계곡'이라고 부르는 지역이지.

팀: 멋지네요! 하지만 이집트 지역에서는 이제 발굴될 만한 것은 거의 다 발굴되지 않았나요?

한나 힙스테로 박사: 아직, 다는 아니란다. 사카라 지역의 피라미드와 묘지는 불과 몇 년 전에야 발견되었어. 바로 우주에서 찍은 사진을 통해 유적지를 발견했단다. 이런 방법을 우주 고고학이라고 부르지. 우주에서 찍은 사진들은 아주 정확해서 지하에 있는 벽들까지 분간할 수 있거든.

팀: 와우! 우주선을 타고 날아가서 사진을 찍는 건가요?

한나 힙스테로 박사: 아니, 인공위성으로 찍은 사진을 분석하는 거야. 팀, 갈 시간이야. 안녕! 박물관에서 한번 보자꾸나.

레온의 지식 보따리

나도 작별 인사를 할게. 람세스 2세 미라의 붕대를 풀었을 때 파라오는 마치 인사를 하려는 듯 손을 들고 있었어. 미라가 된 지 3천 년이 지났으니 근육이 축 늘어져 있었을 텐데도 말이야. 학자들이 얼마나 놀랐을지 한번 상상해 봐.

레온의 박물관 정보

네페르티티는 이크나톤 왕의 왕비였어요.
독일 고고학자가 1912년에 네페르티티의 흉상을
이집트에서 독일로 몰래 가지고 들어왔답니다.

이집트 박물관 – 카이로에 있는 세계 최고의 이집트 박물관이에요. 람세스 2세의 미라와
투탕카멘의 황금 마스크도 볼 수 있어요. 전시장이 어두워서 작은 손전등을 가져가면 좋아요.
◎ www.egyptianmuseum.gov.eg

미라 박물관 – 이집트 룩소르에 있는 미라 전문 박물관으로, 고대 이집트의 미라를 한눈에 볼
수 있어요. 고양이 미라도 만날 수 있어요.(아쉽게도 인터넷 사이트가 아직 없어요)

영국 박물관 – 런던에 있는 영국을 대표하는 박물관으로, 대영 박물관이라고도 불러요.
이집트 관에는 유명한 로제타석이 있어요.
◎ www.britishmuseum.org

리버풀 세계 박물관 – 영국 리버풀에 있으며, 고대관에 이집트 파라오의 무덤을 비롯해
미라가 전시되어 있어요.
◎ www.liverpoolmuseums.org.uk

루브르 박물관 – 프랑스 파리에 있는 박물관으로, 이집트 유물 전시관 입구에서 거대한
스핑크스를 만날 수 있어요.
◎ www.louvre.fr

국립 빈 미술사 박물관 이집트관 – 오스트리아 빈에 있는 박물관으로, 고대 이집트 신전의 돌기둥이 세워져 있답니다.

◎ www.khm/at/sammlungen/aegyptisch-orientalische-sammlung

그레고리안 이집트 박물관 – 바티칸 시티의 바티칸 박물관에 있는, 고대 이집트 유물을 전시하는 박물관이에요. 미라가 6구나 있고 다양한 고대 이집트 유물이 9개 방에 나뉘어 전시되어 있답니다.

◎ www.christusrex.org/www1/vaticano/EG-Egiziano.html

로시크루시안 이집트 박물관 – 미국 캘리포니아 주 새너제이에 있는 이집트 유물 박물관으로, 고대 지하 무덤이 재현되어 있어서 직접 무덤 속을 볼 수 있어요.

◎ www.egyptianmuseum.org

베를린 이집트 박물관 – 네페르티티의 흉상이 있어요. 네페르티티는 이크나톤 왕의 왕비였어요. 독일 고고학자가 1912년에 네페르티티의 흉상을 이집트에서 독일로 몰래 가져 갔어요.

◎ www.aegyptisches-museum-berlin-verein.de

하노버 아우구스트 케스트너 박물관 – 고대 이집트 컬렉션으로 유명한 독일 하노버에 있는 박물관으로, 진짜 미라가 전시되어 있답니다.

◎ www.kestner-museum.de

뮌헨 이집트 박물관 – 독일 뮌헨에 있으며, 어린이들을 위해 고고학자가 되어 무덤 탐험을 떠나는 체험 프로그램이 마련되어 있어요.

◎ www.aegyptisches-museum-muenchen.de

지금도 세계 여러 도시에서 '투탕카멘' 전시회가 성황리에 열리고 있어요. 실제 모습을 그대로 본떠 만든 투탕카멘의 묘실과 소장품들을 구경할 수 있답니다. 우리나라에서도 2011년에 국립과천과학관에서 '신비의 파라오 투탕카멘'전을 개최하여 많은 어린이에게 고대 이집트 문화를 소개했어요.

해답

상형 문자 수수께끼 1~4: 네 개 모두 해독할 수 있었나요?

13쪽: Ch, **14쪽:** A, **48쪽:** B, **52쪽:** A

답은 CH-A-B-A예요. 파라오 카바는 고대 제국을 다스렸고, 미완성 피라미드를 남겼어요.

53쪽 수수께끼: 동물 신에 속하지 않는 동물은 어떤 동물일까요? 본문 중 호크레트라는 이름으로 나오는 낙타가 동물 신에 속하지 않는답니다. 파라오 시대에 이집트 사람들에게는 낙타가 필요하지 않았어요. 물건은 나일 강을 이용하거나 당나귀에 실어서 날랐죠. 그러다가 로마 인들이 들어오면서 사정이 바뀌었지요.

62~63쪽: 자질 테스트

0~2점: 이집트학자가 될 소질이 많아요.

3~5점: 탐구하는 직업을 가져도 좋지만, 다른 직업을 찾아도 좋을 거예요.

6~8점: 뭔가를 발견하기도 전에 구멍에 걸려 비틀거리게 될 거예요.

연대표

기원전 약 2580년
쿠푸의 피라미드가 완성되다.

기원전 약 1479년
핫셉수트가 여왕이 되다.

기원전 약 1456년
투트모세 3세가 승리하다.

기원전 1350년
이크나톤이 신들을 버리다.

기원전 1332~1323년
투탕카멘이 다스리다.

기원전 1212년
람세스 2세가 죽다.

기원전 46~44년
클레오파트라가 로마에 가다.

1822년
샹폴리옹이 이집트 문자를 해독하다.

1922년
고고학자 카터가 투탕카멘의 묘를 발견하다.

열려라~!
지식
시리즈

공룡의 똥을 찾아라!

글: 폴커 프레켈트 | 그림: 데레크 로크첸 | 옮김: 유영미 | 감수: 백두성

놀라지 마!
메리 애닝은 익티오사우루스와 플레시오사우루스의 화석을 발견했어.
그것도 200년 전에 말이야.
우리도 공룡의 똥을 찾아 떠나볼까?
재미있는 만화와 모험 이야기를 통해 무시무시한 공룡에 대해 알아보자.
준비됐니?
열려라, 공룡의 세계!

파라오, 그런 눈으로 쳐다보지 마요!

글: 폴커 프레켈트 | 그림: 프리데릭 베르트란트 | 옮김: 유영미

정말이야!
투탕카멘은 신발 수집광이었어. 고고학자 하워드 카터는 투탕카멘의
무덤에서 신발과 다른 보물을 많이 발견했어.
물론 투탕카멘 미라도 직접 보았지.
얘들아, 미라의 땅, 이집트의 비밀을 함께 풀어 볼까?
재미있는 만화와 이야기를 통해 고대 이집트에 대해 알아보자.
열려라, 고대 이집트!

오, 신이시여!

글: 폴커 프레켈트 | 그림: 카티아 베너 | 옮김: 유영미

상상해봐!
오천 명을 위한 식사가 눈앞에 펼쳐지는 모습을.
이 어마어마한 식사를 마련한 이가 누구냐고? 바로 예수님이야.
기적이 일어난 거지. 이것은 기독교에서 아주 유명한 이야기야.
그럼 이슬람교, 힌두교, 불교, 유대교 같은 다른 종교에는
어떤 이야기가 있을까?
재미있는 만화와 이야기를 통해 신비로운 종교에 대해 알아보자.
열려라, 종교의 세계!